农村科技口袋书

木薯种植与加工技术

中国农村技术开发中心　编著

中国农业科学技术出版社

图书在版编目（CIP）数据

木薯种植与加工技术 / 中国农村技术开发中心编著 . —北京：中国农业科学技术出版社，2017.5
ISBN 978－7－5116－3057－5

Ⅰ. ①木… Ⅱ. ①中… Ⅲ. ①木薯－栽培技术 ②木薯－食品加工 Ⅳ. ①S533

中国版本图书馆 CIP 数据核字（2017）第 094347 号

责任编辑	王更新　李　华
责任校对	贾海霞

出 版 者	中国农业科学技术出版社
	北京市中关村南大街12号　邮编：100081
电　　话	（010）8210 9708（编辑室）　（010）8210 9702（发行部）
	（010）8210 9709（读者服务部）
传　　真	（010）8210 6650
网　　址	http://www.castp.cn
经 销 者	各地新华书店
印 刷 者	北京富泰印刷有限责任公司
开　　本	880 mm × 1230 mm　1/64
印　　张	2.25
字　　数	70千字
版　　次	2017年5月第1版　2017年5月第1次印刷
定　　价	9.80元

编写人员

主　编：李开绵　胡熳华

副主编：戴泉玉　孟燕萍　邓立康　周军平
　　　　梁国涛　李卓立　胡家香

编　者：（按姓氏笔画排序）

丁子元　王明军　古　碧　龙　军

刘立晶　刘法江　刘　强　刘　鑫

严华兵　杨学军　杨炳南　吴　林

吴海华　余　强　沈乃东　张振文

张　逸　陆小静　陈　飞　陈松笔

林　鑫　欧文军　黄汉菅　黄贵修

章　先　葛晓辉

前　言

　　"农村科技口袋书"系列丛书由来自农业生产、科研一线的专家、学者和科技管理人员共同编制，围绕着关系国计民生的重要农业生产领域，按年度开发形成系列丛书。书中所收录的技术均为新技术，成熟、实用、易操作、见效快，既能满足广大农民和科技特派员的需求，也有助于家庭农场、现代职业农民、种植养殖大户解决生产实际问题。

　　《木薯种植与加工技术》是"农村科技口袋书"系列丛书中的一册，本书是由中国农村技术开发中心在深入生产一线和专家座谈的基础上，紧紧围绕当前木薯产业的需求，立足木薯产业体系最新科技成果，组织国家木薯产业技术体系专家，精心编印而成。本书筛选凝练了近年来我国木薯产业在新品种选育、栽培管理、病虫害防治、精深加工等领域所取得的新技术，旨在方便广大科技特派员、种养大户、专业合作社和农民等利用现代农业科学知识，发展木薯产业，实现增产、增效、增收，为加快社会主义新农村建设和保证国家粮食安全做出贡献。

在本书的编制过程中，我们力求将复杂技术通俗化、图文化、公式化，并在不影响阅读的情况下，将书设计成口袋大小，既方便携带，又简洁实用，便于农民朋友随时随地查阅。但由于水平有限，不足之处在所难免，恳请批评指正。

编　者
2017年2月

目　录

第一章
优质木薯新品种

华南5号

品种来源

华南5号是中国热带农业科学院热带作物品种资源研究所于1990年用木薯ZM8625×SC8013的F_1无性系后代，经株系比较、品系比较、品种比较以及区试和生试等系统评选而育成的高产优良新品种。

特征特性

本品种密节矮秆，种茎耐贮存，其发芽力强，出苗快，生长整齐，单叶互生，掌状深裂，裂片线形至披针形，叶柄红带绿色。结薯集中，掌状平伸，浅生，薯块粗壮，大小均匀，大薯率高，薯外皮浅黄色，薯内皮粉红色。适应性广，耐旱抗病，无流行性病虫害。为中早熟品种。但顶端分叉早，株形伞状，冠幅较大，地力良好的地方不宜密植。

产量表现

鲜薯产量为45～70t/hm²，集约栽培鲜薯产量可达75～90t/hm²，块根干物质含量37%～42%，淀粉含量28%～32%，HCN含量50～70mg/kg。

适宜地区

适应性广，可在年均温16℃以上，无霜期6个月以上的地区栽培，包括广东、广西壮族自治区（以下简称广西）、海南、云南、福建、江西、湖南、四川和贵州南部的部分地区均可种植。

注意事项

生长后期防止积水，以免腐烂，造成损失。

技术来源：中国热带农业科学院热带作物品
　　　　　种资源研究所
咨询人：叶剑秋

华南6号

品种来源

1990年引自泰国木薯OMR33-10自然杂交种子繁殖选育的优良单株无性系后代。

特征特性

（1）形态特征：大戟科木薯属多年生直立亚灌木。株高150～200cm，顶端分枝部位高，分枝短，株型紧凑，老茎灰白色。单叶互生、螺旋状排列，叶片掌状深裂，裂片5～7片，披针形，叶柄紫红色。茎圆形，灰绿色、光滑、有蜡质，内皮浅绿色，具有乳管，含有白色乳汁。圆锥花序，着生于顶端分叉处，雌雄同序异花，浅黄色。种子扁长，肾状，褐色，种皮坚硬、光滑、有黑色斑纹，为杂合体。结薯集中，薯块大小均匀，大薯率高，株间产量均衡。薯皮薄、光滑、浅黄色、内皮白色。

（2）生物学特性：中早熟品种，喜温热湿润，光照充足的生长环境，耐旱，抗病虫，对土壤条件要求不严，用种茎进行无性繁殖。块根含干物质38%～41%，淀粉30%～34%，氢氰酸50～60mg/kg。嫩茎叶干物质中含粗蛋白质18.0%～25.0%，可青贮喂猪。干薯粉和叶粉可制成配合饲料。在海南、广西、云南等地种植，年均鲜薯产量达30～45 t/hm^2。

适宜地区

在年均气温16℃以上，无霜期8个月以上的南亚热带地区均可种植。

注意事项

不耐水渍，不宜在排水不良的地方栽培。

技术来源：中国热带农业科学院热带作物品
种资源研究所

咨询人：叶剑秋

华南7号

品种来源

1987年利用华南205木薯的自然杂交F_1代优良单株的无性系后代，经系统选育而成。

特征特性

（1）形态特征：大戟科木薯属多年生直立亚灌木。株高200～300cm，顶端分枝部位高，分叉角度较大，株型呈伞状，一般分叉3～4个，嫩茎五菱形，有帽状叶痕，成熟茎圆形，外皮红褐色，有蜡质，内皮浅绿色。单叶互生，螺旋状排列，掌状深裂，裂片披针形，暗绿色，叶柄红色。圆锥花序，着生顶端分叉处，花浅黄色。种子肾形，褐色，种皮坚硬、光滑，有黑色斑纹，为杂合体。结薯集中，掌状平伸，薯块大小均匀，大薯率高，外皮褐色光滑，内皮紫红色，肉质白色。

（2）生物学特性：用种茎进行无性繁殖，无主根，只有不定根。耐干旱，抗病虫，无流行病虫害发生，耐贫瘠土壤，在pH值4～8土壤条件下生长良好。块根含干物质33%～39%，淀粉26%～32%，氢氰酸50～75mg/kg。嫩茎叶干物质中含粗蛋白质19.0%～36.0%。适口性好。鲜薯产量可达41～43t/hm^2，是畜禽的优良饲料。

适宜地区

在年均气温16℃以上，无霜期8个月以上的南亚热带地区均可种植。

注意事项

不耐水渍，不宜在排水不良的地方栽培。

技术来源：中国热带农业科学院热带作物品
　　　　　种资源研究所

咨询人：叶剑秋

华南8号

品种来源

华南8号是中国热带农业科学院热带作物品种资源研究所于1996年通过国际热带农业中心（CIAT）从泰国引进的CMR38-120自然杂交种F_1优良单株的无性后代，经无性系多代评选而育成。

特征特性

本品种顶端分枝部位高，分枝短，株型紧凑，叶片裂片披针形，暗绿色，叶柄绿色，叶节密，成熟茎外皮灰绿色，内皮深绿色，结薯集中，薯块大小均匀，大薯率高，圆锥形，薯外皮光滑，黄白色，薯内色为白色。适应性强，早熟、抗风、抗旱。有良好的块根和茎叶产量，是个薯叶兼用的高产优质新品种。

适宜地区

适应性广，可在年均温16℃以上，无霜期6个月以上的地区栽培，包括广东、广西、海南、云

南、福建、江西、湖南、四川和贵州南部的部分
地区均可种植。

注意事项

如果土壤贫瘠，最好施一次壮薯肥，于植后
90~120d内施用，可促进块根膨大和淀粉积累。

技术来源：中国热带农业科学院热带作物品
　　　　　种资源研究所

咨询人：叶剑秋

华南9号

品种来源

1990年利用海南地方收集的木薯优良单株，经多代无性系的系统选育。

特征特性

（1）形态特征：株型紧凑呈伞状。株高中等，顶端分枝角度小，分枝短，一般分叉3～5个，顶端嫩茎绿色，成熟老茎外表皮黄褐色，内表皮浅绿色。单叶互生，呈螺旋状排列，叶裂片椭圆形，暗绿色，叶柄红带乳黄色，叶节密。圆锥花序顶生及腋生，单性花。蒴果，椭圆形。种质扁长，千粒重57～74g。

（2）生物学特性：结薯集中，掌状平伸，薯块大小均匀，圆锥形。无流行病虫害发生，耐旱、耐瘠、适应性强，在pH值4～7土壤条件下生长良好。平均产鲜薯22.5～30.0t/hm²。块根含干物质41%～42%，淀粉30%～33%，氢氰酸30.5mg/kg，鲜薯干物质中含粗蛋白质3.2%，嫩叶干物质中含粗蛋白质18.0%～35.0%，适口性好，薯块可食用或饲用,叶可作青贮饲料,是畜禽的优质饲料。

适宜地区

年平均温度16℃以上,无霜期8个月以上的南亚热带地区。

注意事项

植株高大不抗风、耐寒性差,宜植区局限于海南及广东和广西南部。

技术来源:中国热带农业科学院热带作物品
　　　　　种资源研究所
咨询人:黄　洁

华南10号

品种来源

以CM4042为母本，以CM4077为父本杂交获得杂种一代（F₁），经无性系多代评选育成。

特征特性

（1）形态特征：顶端分枝部位高，分叉角度小，株型紧凑，株高250～300m。块根长圆柱形。茎秆粗大，有节。叶片掌状深裂，裂片5片或7片，线性，长15～20cm，宽2～3cm。圆锥花序，雌雄同序异花。种子肾形，褐色。生产上以种茎进行无性繁殖。

（2）生物学特性：耐旱耐瘠，经90d长期干旱，久晒不死，可在pH值4～8的土壤条件下生长。抗风性强。无流行病虫害。较晚熟，种植后10个月可收获薯块。结薯集中，掌状平伸，浅生，薯块粗壮，大小均匀。鲜薯产量可达30～45t/hm²。块根含干物质39%～42%，淀粉30%～32%，氢氰酸50～75mg/kg。嫩茎叶干物质中含粗蛋白质19%～35%。青贮后饲喂猪适口性好，粗薯粉和叶粉配合后可代替玉米饲喂鸡。

适宜地区

年平均温度大于16℃，无霜期8个月以上的热带和南亚热带地区。

注意事项

不耐水渍，不宜在排水不良的地方栽培。

技术来源：中国热带农业科学院热带作物品
　　　　　种资源研究所

咨询人：叶剑秋

华南11号

品种来源

来源于1998年中国热带农业科学院热带作物品种资源研究所通过从CIAT引进的木薯BRA900自然杂交种F_1优良单株的无性系后代。

特征特性

其生长快捷，长势旺盛，植株中等，顶端分枝部位中等，顶端分枝较少，分枝短，株形属于紧凑型；未完全展开叶浅绿色，完全展开叶浅绿色，叶片椭圆形，裂叶数5片，叶柄紫红色；嫩茎赤黄色，成熟茎外皮灰白色，内皮浅绿色。结薯集中，掌状平伸，浅生，薯块粗壮、大小均匀、大薯率高、薯外皮白带乳黄色，内皮白带乳黄色，肉质白色，耐肥高产，但较晚熟，植后10个月可收获。一般亩（1亩≈667m^2。全书同）产为2.5～3.0t，集约栽培可达90t/m^2，块根干物质含量40%～42%，淀粉31%～33%，HCN50～75mg/kg。适应性强，具有良好的块根和茎叶产量，是个薯叶兼用的高产、优质新品种。

适宜地区

平均温度16℃以上，无霜期8个月以上的南亚热带地区均可栽培。

注意事项

喜温热湿润，光照充足的生长环境，耐旱抗病虫害，适应性强，对土壤条件要求不苛，较晚熟，优质、高产，但不耐阴蔽，惧怕水渍，不宜在排水不良的地方栽培。

技术来源：中国热带农业科学院热带作物品
　　　　　种资源研究所

咨询人：叶剑秋

华南12号

品种来源

OMR36-34-1（♀）×ZM99247（♂）F₁
代，OMR36-34-1源自泰国罗勇大田作物研究中
心，ZM99247源自中国热带农业科学院热带作物
品种资源研究所。

特征特性

（1）形态特征：多年生直立灌木，无毛，
株高2.5～3m，顶端分枝部位高，分枝短，成熟
种茎外皮红褐色，内皮浅绿色；块根圆锥形，薯
外皮深褐色，内皮白色，肉质白色。叶纸质，掌
状分裂至近基部，长10～20cm；裂片5～7片，
披针形至狭椭圆形，长8～18cm，宽1.5～4cm，
顶端渐尖，全缘，侧脉7～15条；叶柄稍盾状着
生，长8～22cm，紫红色，具不明显细棱；托叶
三角状披针形，长5～7mm，顶端具2条刚毛状
细裂，后期老化。圆锥花序顶生，长8～15cm；
苞片条状披针形，长约2mm；雌、雄花萼紫红
色。雄花：花萼长约7mm，裂片长卵形，近等

大，长3～4mm，宽2.5mm；雄蕊10枚，花药顶部被白色短毛。雌花：花萼长约10mm，裂片长圆状披针形，长约8mm，宽约3mm；子房卵形，绿色，具6条纵棱，柱头外弯。蒴果椭圆状，长1.5～1.8cm，直径1～1.5cm，表面粗糙，具6条狭纵翅；种子长约1cm，多少具三棱，种皮硬壳质，具黑色斑点。

（2）生长特性：属短日照热带作物，喜阳性、不耐阴蔽，喜高温，不耐霜雪，在年8个月以上的无霜期、平均温度16℃以上的地区均可种植。适宜年降雨量600～6 000mm、土壤pH值3.8～8.0的地区生长。

（3）产量表现：历年生产性试验，鲜薯平均产量40.12 t/hm²，比现主栽品种华南205增产28.06%。

适宜地区

在海南、广西、广东、云南、福建、江西等省区木薯适宜地区推广。

注意事项

夏季注意防控细菌性枯萎病和朱砂叶螨。

技术来源：中国热带农业科学院热带作物品
　　　　　种资源研究所
咨询人：叶剑秋

华南13号

品种来源

SC8013的自然杂交F_1代，SC8013为我国自主创新品种，源自中国热带农业科学院热带作物品种资源研究所。

特征特性

（1）形态特征：多年生直立灌木，无毛，株高2.0～3m，主茎直径粗（>3.0cm），三分权，分枝角度30°～45°，成熟种茎外皮灰黄色，内皮浅绿色；块根水平分布，块根圆锥形，薯外皮黄褐色，内皮乳黄色，肉质白色。叶纸质，掌状分裂至近基部，长10～20cm；裂片叶7片，提琴形，长8～18cm，宽1.0～5cm，顶端渐尖，全缘，侧脉7～15条；叶柄稍盾状着生，长8～22cm，紫红色，具不明显细棱；托叶三角状披针形，长5～7mm，顶端具2条刚毛状细裂，后期老化。圆锥花序顶生，长8～15cm；苞片条状披针形，长约2mm；雌、雄花萼紫红色。雄花：花萼长约7mm，裂片长卵形，近等大，长3～4mm，宽

2.5mm；雄蕊10枚，花药顶部被白色短毛。雌花：花萼长约10mm，裂片长圆状披针形，长约8mm，宽约3mm；子房卵形，绿色，具6条纵棱，柱头外弯。蒴果椭圆状，长1.5~1.8cm，直径1~1.5cm，表面粗糙，具6条狭纵翅；种子长约1cm，多少具三棱，种皮硬壳质，具黑色斑点。

（2）生物学特性：木薯是多年生植物，但在生产上多为一年生栽培，栽培品种能在一年内完成从发根出芽、茎叶生长至开花结果的生长发育过程，全过程可分为四个时期。植后60d内为幼苗期；植后60~100d为块根形成期，其中70~90d为结薯盛期；在生产上，把块根形成期至收获期前（植后70~300d）的生长过程称为块根膨大期；一般植后9~10个月，块根已充分膨大，地上部分几乎停止生长，叶片大部脱落，块根也基本停止增粗的称为块根成熟期。

（3）产量表现：历年生产性试验，鲜薯平均产量43.17 t/hm²，比现主栽品种华南205增产45.07%。

适宜地区

在海南、广西、广东、云南、福建、江西等省区以及柬埔寨等东南亚国家木薯适宜地区推广。

注意事项

不耐水渍，不宜在排水不良的地方栽培。

技术来源：中国热带农业科学院热带作物品
            种资源研究所

咨询人：叶剑秋

华南14号

品种来源

该品种源自中国热带农业科学院热带作物品种资源研究所（简称品资所）木薯研究室多年来从各地收集的种质资源，经过田间观测及评价，筛选出的特异种质。该种质于2007年采集，地点为海南省琼中县，编号为ZMQZ1（也称QZ1）。

特征特性

（1）形态特征：多年生直立灌木，无毛，株高2.0～3.0 m，主茎直径2.0～3.0cm，成熟种茎外皮褐色，内皮浅绿色；块根水平分布，块根圆锥形，薯外皮红褐色，内皮浅红色，肉质白色。叶纸质，掌状分裂至近基部，长10～20cm；裂片叶7片，倒卵披针形，长8～18cm，宽1.0～5.0cm，顶端渐尖，侧脉9～20条；叶柄稍盾状着生，长8～22cm，紫红色，具不明显细棱；托叶三角状披针形，长5～7mm，顶端具2条刚毛状细裂。圆锥花序顶生，长8～15cm；苞片条状披针形，长约2mm；雌、雄花萼白色。雄花：花萼长约

7mm，裂片长卵形，近等大，长3～4mm，宽2.5mm；雄蕊10枚，花药顶部被白色短毛。雌花：花萼长约10mm，裂片长圆状披针形，长约8mm，宽约3mm；子房卵形，绿色，具6条纵棱，柱头外弯。蒴果椭圆状，长1.5～1.8cm，直径1.0～1.5cm，表面光滑，具6条狭纵翅；种子长约1cm，多少具三棱，种皮硬壳质，具黑色斑点。

（2）生物学特性：木薯是多年生植物，但在生产上常为一年生栽培，栽培品种能在一年内完成从发根出芽、茎叶生长至开花结果的生长发育过程，全过程可分为四个时期。植后60d内为幼苗期；植后60～100d为块根形成期，其中70～90d为结薯盛期；在生产上，把块根形成期至收获期前（植后70～300d）的生长过程称为块根膨大期；一般植后9～10个月，块根已充分膨大，地上部分几乎停止生长，叶片大部脱落，块根也基本停止增粗，称为块根成熟期。

（3）产量表现：历年生产性试验，种植12个月鲜薯平均产量38.32t/hm^2，高于对照品种华南5号的35.01t/hm^2。

（4）抗性表现：耐采后生理腐烂（PPD），

置于常温（25℃）贮存15d以上不出现PPD现象，而对照华南5号4～6d后出现PPD现象。

适宜地区

平均温度16℃以上，无霜期8个月以上的热带、亚热带地区均可栽培。适宜在海南、广西、江西等省区的木薯种植区推广。

注意事项

夏季注意防控细菌性枯萎病和朱砂叶螨。

技术来源：中国热带农业科学院热带作物品
　　　　　种资源研究所
咨询人：陈松笔

桂热8号

品种来源

引进的越南种质，原编号KM316（杂交亲本KM98-1×KU50）。

特征特性

植株生长旺盛，株高2.5～3.2m，两到三级分枝，分支部位中等，一、二级分枝高度分别约为1m和1.7m。成熟茎秆颜色为银灰色偏黄，茎内皮绿色；叶片7～9裂，叶型为倒卵形，顶叶颜色淡绿，成熟叶片深绿，叶柄绿色略带红色。薯为长条状，分布浅，分散分布。薯皮薄，外皮黄色，内皮白色，薯肉白色。一般亩产2.5～3.5t，鲜薯淀粉含量为28.9%。

桂热8号对细菌性枯萎病、红蜘蛛等木薯常见病虫害表现为中抗。

适宜地区

广西。

注意事项

该品种为分枝品种，建议保持种植间距0.8m×0.9m以上，1.0m×1.0m以下。桂热8号为中晚熟品种，建议种植9个月后收获，否则淀粉含量偏低。

技术来源：广西壮族自治区亚热带作物研究
　　　　　所、广西壮族自治区木薯研究所
咨询人：马崇熙

桂热9号

品种来源

印度尼西亚加里曼丹省热带雨林引进的野生木薯种质，编号为Singkong Gajah（大象木薯）。

特征特性

株高2.8～3.5m，两到三级分枝，分枝部位中等，一级分枝高度为1.2～1.4m，二级分枝高度为2.0～2.4m；成熟茎秆颜色为银灰色偏暗，并有棕色条带，茎内皮暗绿色；叶片7～9裂，叶型为倒卵形，叶片宽大，顶叶颜色为紫色，成熟叶片为黄绿，叶柄红色；薯为纺锤状，分布较浅，分散分布。薯皮略厚，外皮红棕色，内皮紫红，薯肉白色。鲜薯淀粉含量为28%～33%，干物质含量35%～42%。中迟熟品种，植后8～9个月可收获，一般亩产2.0～3.0t，氢氰酸含量低，食味佳，属于可食用的甜木薯品种。

桂热9号对细菌性枯萎病、红蜘蛛等木薯常见病虫害表现为中抗。种茎耐寒能力稍差，需要在10℃低温来临前及时砍种，种茎贮藏需避免

寒害。

适宜地区
广西。

注意事项
该品种为分枝品种,建议种植间距0.8m×0.9m以上，1.0m×1.1m以下。种茎不耐寒，保种需做避寒处理。

技术来源：广西壮族自治区亚热带作物研究
所、广西壮族自治区木薯研究所

咨询人：李　军

桂木薯6号

品种来源

桂木薯6号是以木薯品种新选048的自然杂交种为基础材料，经过胚挽救、组培快繁、多年繁殖、多年品系比较和定向选择育成的木薯新品种。

特征特性

株型紧凑，植株直立不分枝或少分枝，茎秆粗大，平均株高2.42m，灰褐色茎。叶片多为7裂，叶片大、绿色，顶端未展开叶浅绿色,叶柄红带乳黄。垂直分散结薯，平均结薯10.5条/株，薯块粗壮、大小均匀；薯型圆锥圆柱形，薯表皮黄褐色，皮薄，内皮白粉,肉质乳黄。鲜薯淀粉含量28%～30%。丰产性好，一般亩产鲜薯2 700～3 600kg。

适宜地区

建议在南宁、北海、贵港等地种植，可在广西壮族自治区内推广种植。

桂木薯6号叶片形态特征

桂木薯6号薯肉及薯皮形态特征　桂木薯6号块根和茎秆形态特征

注意事项

高温干旱季节要注意防治红蜘蛛。

技术来源：广西农业科学院经济作物研究所

咨询人：严华兵

桂木薯7号

品种来源

桂木薯7号是以木薯品种新选048的自然杂交种为基础材料，经过胚挽救、组培快繁、多年繁殖、多年品系比较和定向选择育成的木薯新品种。

特征特性

株型紧凑，植株直立不分枝或少分枝，茎秆粗大，平均株高2.24m，灰绿色茎。叶片多为7裂，叶片大，绿色，顶端未展开叶紫绿色，叶柄红带乳黄。水平集中结薯，平均结薯9.5条/株，薯块粗壮、大小均匀；薯型圆锥圆柱形，薯表皮白带粉，皮薄，内皮和肉质均为白色。鲜薯淀粉含量29%～31%。丰产性好，一般亩产鲜薯2 400～3 000kg。

适宜地区

建议在南宁、北海、贵港等地种植，可在广西壮族自治区内推广种植。

注意事项

高温干旱季节要注意防治红蜘蛛。

技术来源：广西农业科学院经济作物研究所
咨询人：严华兵

桂木薯7号叶片形态特征

桂木薯7号薯肉及薯皮形态特征

桂木薯7号块根和茎秆形态特征

桂垦09-26

品种来源

母本(♀)"华南5号"×父本(♂)"华南205"。

特征特性

该品种株型直立，株间高度较整齐，成熟茎灰白色，嫩茎浅绿色，顶端分叉但角度小，顶端未完全展开叶为绿色，叶片7～9裂，叶脉浅红色，叶柄长20～30cm，稍下垂，叶柄红带乳黄色，叶柄痕中度突起，成熟中间裂片叶型呈倒披针形，成熟茎中下部内皮浅红色，主茎粗节间密。其块根经济性状，薯长浅生，块根水平伸长，结薯集中，薯形为圆柱形，无缢痕，烂根较低，块根表皮光滑，较粗，肉质白色，周皮呈棕色，内皮粉红色。单株块根数8～11条。淀粉含量28%～30%。其物候期、幼苗期：温度在20℃以上，湿度适宜，种植后10d可发芽出土；块根形成期：植后60～100d；块根膨大期：植后100～270d；块根成熟期：植后270～300d。多年观测未发现孕花。其生育期，从下种出苗到成熟收获需10个月左右。

（1）产质量情况：

产量情况：平均折亩产鲜薯2.5～3.0t，配套栽培亩产可达4t以上。品质情况：淀粉含量平均在28%～30%。

（2）抗逆性表现：

抗倒性：其主茎粗壮，茎粗在2.5cm以上，顶部分枝但角度小，在多年观测中，倒伏率极低。按木薯抗倒性定级为0级。

抗寒性：经多年观测，在收获前的12月，顶部青叶未完全枯萎，到次年2月，青叶基本落光，顶端枝尖部分呈现枯死，其余枝、茎秆、芽眼基本完好，冻害较少。按木薯抗寒性定级为2级。

抗旱性：发芽率较高，尤其在高级系比试验中，3个重复共72株，均不缺苗。长势旺盛，群体整齐，说明具有很强抗旱性。

抗病虫性：经过多年田间观测，在块根膨大期前，保持生长旺盛，目前尚未发现季节性病害，如枯萎病（叶片呈现水渍状、不规则形状大斑块）、角斑病、褐色角斑病（叶片呈现灰绿色小斑点）、木薯花叶病（病株矮缩、叶片黄化、卷曲）等。也尚未发生木薯红蜘（叶脉两边白色透明状）。表现出较强的抗病虫性。

适宜地区

可在桂东、桂东南、桂南及桂西南适宜地区推广种植。

注意事项

无。

技术来源：广西南亚热带农业科学研究所

咨询人：李恒锐

"桂垦09-26"株型   "桂垦09-26"块根

桂垦09-11

品种来源

母本(♀)"华南5号"×父本(♂)"华南205"。

特征特性

该品种株型直立，株间高度整齐；幼茎外皮浅绿色，且直立不分叉；成熟主茎外皮灰白色，内皮绿色，顶端三分叉但角度小；顶端未完全展开嫩叶紫绿色，有茸毛；第一片完全展开嫩叶紫绿色；叶片裂叶数7~9片，叶脉淡绿色，成熟裂片叶型呈拱形，中间裂叶很长（≥20.0cm），且宽（≥5.0cm）；叶柄长（≥20.0cm），稍向上翘起，叶柄色红带乳黄，花青苷色素完全着色于叶柄中，叶柄痕中度凸起（5.0~10.0mm）；成熟主茎粗节间密，最底部与块根连接处的内皮色为白色。其块根经济性状：薯长浅生，块根水平伸长，结薯集中，烂根率极低（＜5.0%），单株块根数8~11条，块根形为圆锥—圆柱形，无缢痕，表皮光滑，直径粗（≥4.5cm），块根外皮乳黄色，内皮白色，肉质白色；淀粉含量

30%～31%，干物质含量37%～38%。其物候期、幼苗期：温度在20℃以上，湿度适宜，种植后10d可发芽出土；块根形成期：植后60～100d；块根膨大期：植后100～270d；块根成熟期：植后270～300d。多年观测未发现孕花。其生育期，从下种出苗到成熟收获需10个月左右。

（1）产量质量情况：

产量情况：平均折亩产鲜薯2.5～3.0t，配套栽培亩产可达3.5t以上。品质情况：淀粉含量平均在30%～31%。

（2）抗逆性表现：

抗倒性：其主茎粗壮，茎粗在2.5cm以上，成熟主茎顶部三分杈但角度小。在多年多点试验观测中，"桂垦09-11"除在沿海地区，即北海市广西农垦国有滨海农场（亩产鲜薯2 641.9kg）出现稍微倒伏外，其他试验地点倒伏率极低。

抗寒性：经多年多点试验观测，"桂垦09-11"在12月收获时，成熟茎顶部青叶未完全枯萎，如到次年2—3月份收获时，青叶基本落光，顶端枝尖部份呈现枯死状，但其余枝、茎秆、芽眼基本完好，冻害较少。按木薯抗寒性定级为2级。

抗旱性："桂垦09-11"成熟种茎具有粗壮节密、养分充足、生活力强、发芽率高的特点。经多年多点试验观测，在没有水利设施的旱坡地种植，基本不缺苗，且长势旺盛，群体整齐，说明具有很强抗旱性。

抗病虫性："桂垦09-11"在块根膨大期前，仍保持生长旺盛。经过多年多点试验观测，目前尚未发现季节性病害，如枯萎病（叶片呈现水渍状、不规则形状大斑块）、角斑病、褐色角斑病（叶片呈现灰绿色小斑点）、木薯花叶病（病株矮缩、叶片黄化、卷曲）等。也尚未发现有木薯红螨（叶脉两边白色透明状）。表现出较强的抗病虫性。

适宜地区

可在桂东、桂东南、桂南及桂西南适宜地区推广种植。

注意事项

无。

技术来源：广西南亚热带农业科学研究所

咨询人：李恒锐

"桂垦09-11"株型

"桂垦09-11"块根

第二章

木薯栽培管理技术

木薯组培苗规模化高效低耗
快繁技术体系

技术目标

本技术结合实际生产，从外植体取材消毒、诱导培养、继代增殖培养、生根壮苗培养、炼苗移栽成活、大田种植等步骤对木薯组培离体快繁技术进行系统研究，重点解决了木薯组培苗长势弱、移栽成活率低等技术难题，组培苗增殖系数达6倍以上，生根率达100%，移栽成活率达90%以上。

技术要点

（1）外植体取材与处理：选取当年生长健壮、无病虫害植株的幼嫩茎段，剪掉其叶片后放入加有洗洁精的水中，用软毛刷清洗表面污垢，在流水中冲洗干净后备用。

（2）外植体消毒：在超净工作台上，用0.1% $HgCl_2$浸泡处理10min，再用无菌水冲洗4～5次，用无菌滤纸吸干外植体表面水分后待用。

（3）无菌苗初代和继代培养：在无菌条

件下，将茎段切成带一个腋芽的单芽茎段，将下端竖插于腋芽诱导培养基MS+0.05mg/L6-BA+0.02mg/LNAA+20.0g/蔗糖+6.0g/L琼脂（pH值5.8）中进行培养。40～45d后用相同培养基进行继代培养，增殖率为6～7倍。培养条件：培养温度为（27±1）℃、光照强度1500～2000lx、光照时间12h/d。

（4）无菌苗壮苗生根培养：将单芽茎段接种到生根培养基1/2MS+0.02mg/LNAA+40.0g/L蔗糖+6.0g/L琼脂（pH值5.8）中诱导生根，30d后生根率可达95%～100%。壮苗生根培养条件同无菌苗的初代和继代培养。

（5）组培苗移栽：将株高3～5cm、生长健壮、根系发达的无菌瓶苗从培养室移入温室大棚炼苗7d左右，然后取出幼苗，洗净附着的培养基，栽入沙床中过渡培养。移栽成活后将组培苗栽入泥炭土∶珍珠岩∶黄土（2∶2∶1）混合基质的营养钵中，移栽成活率达90%以上。组培苗种植过程中注意保温保湿。

木薯组培苗

组培苗大田移栽

技术来源：广西农业科学院经济作物研究所
咨询人：严华兵

木薯嫩枝扦插快繁技术体系

技术目标

为加快木薯良种健康种苗繁殖和推广速度，经过系统的对比试验和提炼总结，分别建立了木薯组培苗嫩枝茎段扦插快繁、嫩枝茎段夏季大田直接扦插繁育、嫩枝茎段冬季苗床扦插等3套木薯嫩枝扦插快繁技术，为木薯新品种快速繁殖提供技术支撑。

技术要点

（一）木薯组培苗嫩枝扦插快繁技术

1.材料及处理

待组培苗半木质化即可进行组培苗的嫩枝扦插。将挑选好的种茎中下部剪成长度为5～10cm，2～3个节，上端为平面，下端成45°的斜面。注意切口处平滑、无破裂、芽点保持完好。将修剪的插穗用0.1g/L GGR处理30min后扦插到装有泥炭土：黄土：黄沙（1：1：2）混合基质的营养钵中。插条与床面垂直，扦插深度2cm左右。先用竹棍戳孔，再将插穗插入基质。扦插后用喷壶浇透水，使扦插苗与基质紧密接触。

2.扦插苗管理

（1）控温遮阳：在秋冬季节，可采用小拱棚、加温设备等进行加温。在夏季高温、强烈阳光和强蒸腾条件下，则要注意用遮阳网挡住强光、降温、保湿，保护幼苗。

（2）保湿排水：由于幼嫩茎枝营养和水分少，发芽力弱，长势差，需保证适宜的土壤和空气湿度，促进嫩枝的正常发芽和保护幼苗。木薯忌积水，在阴天多雨时，要注意减少浇水次数。

（3）适时追肥：待木薯抽芽苗长至3～5cm，需给木薯喷施一次叶面肥，促进木薯生长。以后每隔7～10d进行一次追肥。应选择以氮、磷、钾为主的叶面肥，喷施浓度以0.2%～0.5%为宜。喷施叶面肥最好在傍晚进行。

（4）病虫害防治：贯彻"预防为主、综合防治"的植保方针。朱砂叶螨为害时，采用73%克螨特乳油2 000倍液进行防治，每隔10～15d喷施一次。

3.适时移栽

第二年春季将扦插于基质中的扦插苗进行大

田移栽，大田种植采用畦栽，畦宽1.4m，移栽株行距为70cm×70cm。因扦插苗根系幼嫩，移栽时应小心操作，尽量不伤根或少伤根。移栽入大田后应及时浇水，提高移栽成活率。移栽成活后，结合大田高产栽培技术进行移栽苗的管理。

（二）木薯嫩枝茎段大田直接扦插技术

1.材料及处理

嫩枝茎段大田直接扦插一般在4—9月进行。扦插地应选择阳光充足、通风透气、排灌方便、土层疏松、肥力中等以上、病虫害少的沙壤土。

选取芽点完好、新鲜、无病虫害、无破损、粗度≥10mm的主茎或侧分枝作为种茎。将种茎剪成长度为15～30cm，下端成45°的斜面，上端为平面。注意切口处平滑、无破裂、芽点保持完好。将修剪的插穗用0.1g/L GGR溶液浸泡30min后直接扦插于大田中。一般需按茎枝的幼嫩程度来分批定植，以便管理。大田种植采用畦栽，畦宽1.4m，株行距为70cm×70cm。扦插后用喷壶浇透水，使扦插苗与基质紧密接触。

2.扦插苗管理

（1）查苗补缺：木薯扦插苗种植后15d左右，应及时查苗补苗，保证全苗，补苗应在30d内完成。

（2）遮阳：夏季高温、强烈阳光和强蒸腾条件下，有条件的可用遮阳网或干草等覆盖物挡住强光、降温、保湿，保护幼苗。

（3）保湿排水：注意保持适宜的土壤和空气湿度，根据情况早晚适当喷淋水保湿。木薯忌积水，在阴天多雨时，要及时排水。

（4）适时追肥：追肥以速效性氮肥为主，亩施尿素20kg，当木薯长到20～25cm，此时根系短小，吸收基肥的能力差，急需补充肥料来满足木薯的生长需要，施肥可选择小雨天穴施，小面积可浇施。

（5）病虫害防治：贯彻"预防为主、综合防治"的植保方针。朱砂叶螨为害时，采用73%克螨特乳油2 000倍液进行防治，每隔10～15d喷施一次。

3.大田管理

扦插苗成活后，可结合大田高产栽培技术进行田间管理。到秋冬季节，有条件的可采用地膜、干草等覆盖增温，以延长木薯生长期和加快生长速度。

（三）木薯嫩枝茎段冬季苗床扦插技术

1.材料及处理

木薯嫩枝茎段冬季苗床扦插一般于11月至次年2月进行。在温室大棚内建立高30cm，内空宽1.2m的苗床，苗床底部整平，上面铺厚度10cm的粗石作为排水层，上面再铺厚度15cm左右的细沙或珍珠岩育苗基质。

选取芽点完好、新鲜、无病虫害、无破损、粗度≥15mm的主茎或侧分枝作为种茎。将种茎剪成长度为10～15cm，下端成45°的斜面，上端为平面。注意切口处平滑、无破裂、芽点保持完好。将准备好的材料用0.1g/L GGR溶液浸泡30min后，按株行距约10cm×15cm扦插到盛有珍珠岩基质的苗床上。扦插后用喷壶浇透水，使扦插苗与基质紧密接触。

2.扦插苗管理

（1）保温：根据南宁地区的气候特点，于12月至次年2月，在苗床上加盖小拱棚，以维持扦插苗的生长温度。

（2）保湿排水：注意观察土壤和空气湿度，根据情况早晚适当喷淋水保湿。

（3）适时追肥：待木薯抽芽苗长至3～5cm，

需给木薯喷施一次叶面肥，促进木薯生长。以后每隔7～10d进行一次追肥。应选择以氮、磷、钾为主的叶面肥，喷施浓度以0.2%～0.5%为宜。喷施叶面肥最好在傍晚进行。

（4）病虫害防治：贯彻"预防为主、综合防治"的植保方针。朱砂叶螨为害时，采用73%克螨特乳油2 000倍液进行防治，每隔10～15d喷施一次。

3.适时移栽

第二年春季将扦插于苗床中的扦插苗进行大田移栽，大田种植采用畦栽，畦宽1.4m，移栽株行距为70cm×70cm。移栽时应小心操作，尽量不伤根或少伤根，并及时浇定根水，提高移栽成活率。移栽成活后，结合大田高产栽培技术进行移栽苗的管理。

成熟种茎窖藏（深沟）贮藏

嫩枝大田直接扦插

木薯嫩枝茎段冬季扦插－加盖小拱棚

技术来源：广西农业科学院经济作物研究所
咨询人：严华兵

木薯嫩枝茎段冬季贮藏技术

技术目标

为解决科研和生产中存在的嫩枝茎段安全越冬问题，通过对不同贮藏方式的对比试验研究，建立了较为成熟的木薯嫩枝茎段越冬贮藏技术方法，棚内采用稻草珍珠岩覆盖浅沟贮藏技术，贮藏的嫩枝茎成活率高达100%。

技术要点

（1）贮藏地点选择：宜选择地势较高的平地或坡度低于15°排水良好的斜坡地。

（2）贮藏设施及材料准备：在选好的贮藏地点搭建简易塑料大棚，在大棚内挖30～60cm的长方形浅坑，长度和宽度视种茎大小和多少而定。将珍珠岩、稻草、温湿度计、中通的竹筒备好，并沿竹筒轴向每隔15cm开4个小孔，便于通气。

（3）嫩枝茎贮藏前处理：用枝剪将木薯嫩枝茎两端平剪，置于通风处晾干，用嫁接膜密封两头，按照头尾顺序及长度、粗细进行分类，并进行标记。

（4）嫩枝茎贮藏：贮藏点需在嫩枝茎收获前1d准备好。首先在坑中心处竖插备好的竹筒，在坑底部铺10cm左右珍珠岩，再铺5cm左右稻草，将木薯嫩枝茎顺序摆放在稻草上面，厚度约20cm，再将适量珍珠岩撒在嫩枝茎空隙之间，上层再铺5cm左右稻草，稻草上再放置约20cm厚度的嫩枝茎，嫩枝茎空隙间撒入适量珍珠岩，如此依次放置。最后在最顶部覆盖15cm左右的稻草，竹筒露出顶部8cm左右。

（5）贮藏期间管理：在贮藏期间注意观察气候极端变化。若气温过低，可在表层加盖薄膜覆土增温。

嫩枝茎大棚内越冬贮藏

技术来源：广西农业科学院经济作物研究所
咨询人：严华兵

木薯成熟种茎越冬贮藏技术

技术目标

广西不同地区的木薯种茎越冬贮藏技术包括窖藏法、沟藏法和露天堆放法。窖藏法主要应用在冬季气温较低，易发生冻害的桂北地区；沟藏法主要应用在霜期较短的桂中地区；露天堆放法主要应用在冬季无霜冻的桂南地区。

技术要点

（1）木薯成熟种茎收获：成熟种茎在收获木薯前砍收，桂北、桂中、桂南地区一般分别在11月、12月、1—2月收获储藏种茎。应选择充分成熟、粗壮密实、芽点完整、新鲜、无病虫害的主茎作种茎。以主茎的中、下节段作种茎为好，上部次之，分枝苗最差。木薯种茎以20～25kg为一捆，根部朝同一方向并起平，用包装纤维绳包扎好，若有多个品种，需挂上标签。

（2）木薯成熟种茎贮藏：

①窖藏法：主要应用在桂北地区，冬天气温较低，易发生冻害地区。选择地势高、不积水、

背风向阳的地块，在晴天挖窖，预留通气口，窖口四周开挖排水沟。贮藏前，在窖内烧干草1次，使窖内干燥，并在窖内用福尔马林消毒液喷雾或生石灰撒在四壁和底部消毒。种茎要在霜前收获并于晴天入窖，将捆好的种茎水平整齐堆放于坑内，种茎根部与坑边泥土接触，然后在种茎上加盖油毛毡或尼龙薄膜。将挖坑所取的泥土加盖在油毛毡或尼龙薄膜上，盖土30～50cm厚，并形成龟背形。在龟背土层上加盖稻草10～20cm厚，在稻草上盖尼龙薄膜防止雨水冲刷、渗透。在坑的四边用红砖或木薯根架设4个通风口，宽20cm，高20cm；用稻草揉成直径20cm的稀疏草团，置于通风口处。在坑的四周挖10～20cm深的排水沟。窖内保持干燥，相对湿度70%～80%为宜。

②沟藏法：沟藏法即浅沟贮藏法，霜期较短的地区常采用此法，主要应用在桂中地区。就是选择背风朝阳，排水良好的地方，挖成沟宽1.5～2.5m，深0.4～0.8m。将挑选出无病虫害、芽点完整、木质化的成熟木薯种茎捆好后整齐的横放在沟内，堆高0.5～0.75m后盖土，并使部分碎土渗入种茎之间，以利调节湿度，避免干枯腐

烂，盖土厚5～10cm，加盖薄膜，然后视气温高低进行培土。寒冷时加厚培土，防止受冻害；温热时减薄培土，避免种茎发芽或发热腐烂。周围开排水沟，避免雨水流入贮藏沟内。

③露天堆放法：年平均温度在22℃以上，1月份平均气温在14℃以上，冬季无霜的地区可采用此法。选择树荫下或背风遮阳的地方，用锄头锄松表土，四周做好排水沟。然后将挑选出无病虫害、芽点完整、木质化的成熟木薯种茎捆好后竖直堆放，然后在木薯种茎顶部覆盖一层5cm厚的甘蔗叶或稻草等，防止日晒失水。贮藏期间要加强管理，检查保存情况，使种茎安全过冬。

成熟种茎大棚内窖藏（深沟）贮藏

成熟种茎露天直接保存

技术来源：广西农业科学院经济作物研究所

咨询人：严华兵

木薯茎秆安全还田技术

技术目标

根据木薯茎秆的特征，将其无害化处理后施用于生长周期长的作物，使其在土壤中逐渐分解以发挥其作用。

技术要点

（1）木薯茎秆粉碎：选用木材粉碎机将木薯茎秆粉碎至1～2cm，由于新鲜的木薯茎秆粉碎极易堵塞粉碎机筛板的筛孔，影响工效，要使用筛孔直径为3cm左右的筛板；干木薯茎秆易于粉碎，可选用直径1cm的筛板。

（2）木薯茎秆发酵堆料准备：将木薯茎秆与畜禽粪便按体积10:1的比例混合均匀；或按每立方添加1.5～2kg尿素（溶于适量水中泼洒在木薯茎秆碎屑中），加入1～2kg/m³有机物料腐熟剂混匀。调节堆料的水分含量为60%～70%，干木薯茎秆可按90～120kg/m³加水调节。

（3）木薯茎秆堆积发酵：将混好的堆料堆积成宽为1.2～1.8m、高为0.6～0.8m的条剁，上覆塑料膜/泥土用于保温保湿，间隔5～7d翻堆，堆积2～3周后即可使用。

（4）木薯茎秆还田：按500～800kg/亩木薯茎秆、5～8kg/亩氮肥，均匀抛洒施入后，机旋耕使之与土壤充分混匀。

技术来源：中国热带农业科学院环境与植物
*　　　　　保护研究所*
咨询人：李勤奋

木薯茎秆安全还田前处理

木薯茎秆发酵

木薯茎秆还田

木薯茎秆制备育苗基质技术

技术目标

将木薯茎秆粉碎、发酵腐熟后用于常见瓜果、蔬菜育苗，避免木薯茎秆随意处置引起的环境问题，提高木薯种植业的附加值。

技术要点

（1）物料收集：收集木薯茎秆，成堆，新鲜物料需晾晒1～2周，以便进一步破碎。

（2）物料破碎：将木薯茎秆用木材粉碎机粉碎至0.5～1cm；成堆，待用。

（3）物料发酵：将木薯茎秆与畜、禽粪便按体积10:1的比例混合，均匀；或按每立方添加1.5～2kg尿素（溶于适量水中泼洒在物料碎屑中），有条件的话，可向混合物料中按0.5kg/m³的量添加有机物料腐熟剂，混匀。调节堆料的水分含量为60%～70%。

（4）物料发酵管理：将混好的物料堆积成宽为1.2～1.8m、高为0.6～0.8m的条垛或入池，覆盖塑料膜或泥土用于保温保湿，有条件的地方间隔

7～10d翻堆1次，堆沤40d后物料可腐熟。

（5）育苗基质制备：

①腐熟物料粉碎及过筛：将腐熟木薯茎秆粉碎后过孔径为5mm的筛即得粒径为0～5mm的物料；再将0～5mm的物料过孔径为1mm（或2mm）的筛，即可得粒径分别为1～5mm（或2～5mm）和0～1mm（或0～2mm）的物料。粒径大于5mm的物料继续粉碎，直至全部过孔径为5mm的筛。

②不同粒径物料的重组：将粒径为1～5mm（或2～5mm）和0～1mm（或0～2mm）的物料按体积比1：1～1：5混合、混匀即可制成通用育苗基质。可用于常见瓜、菜育苗，如甜瓜、番茄、黄瓜、茄子、辣椒等。

技术来源：中国热带农业科学院环境与植物
　　　　　保护研究所
咨询人：李光义

木薯茎秆基质育苗（甜瓜）

木薯高产栽培技术

技术目标

引进国内木薯优良品种开展比较试验，从中筛选出适宜勐海县推广种植的木薯优良品种，同时系统研究配套的高产栽培技术，并集成示范，提高勐海木薯优良品种和高产栽培技术覆盖率，提高木薯的种植管理水平，有效推动勐海木薯产业的持续健康发展。

技术要点

（1）选用良种：引进国内木薯优良新品种进行比较试验，筛选出适宜勐海种植的华南124、华南205和桂4三个优良木薯品种，为勐海县木薯产业标准化生产提供了品种保障。

（2）高产栽培技术：集成配套使用各项栽培技术，使各项栽培技术效率最大化，推动了木薯生产向标准化、规模化、产业化发展，提升木薯综合生产能力。

①选地整地：选择土层深厚肥沃、背风向阳的地块种植；全垦深翻，一犁一耙，深翻30cm以

上，地表平整细碎，无杂草及作物秸秆。

②适时下种：种植的最佳节令为3月中旬至4月底。在砍种时应选用充分成熟，粗壮节密、新鲜结实、芽点完整、切口有乳汁、不损伤、无虫害的主茎中下段用利刀砍断种茎，种茎不能破裂，长度10～30cm。种植时，将种茎平放或斜插于种植穴（沟）中，充分接触泥土。单行或双行错位种下，下种后覆盖10cm的细土。

③合理密植：根据品种分枝特性，土壤肥力和气候条件，一般上等肥力田块，株行距为80cm×100cm，每亩种植900株左右，中等肥力田块，株行距70cm×90cm，每亩种植1 000株左右。

④田间管理：通过补苗间苗、早期中耕除草、培土等单项技术措施的复合集成技术，有利于结薯和块根膨大，创造拦截水土的地形和障碍物，使木薯尽早封行，从而起到防治杂草、降低水土流失和持续增产增收的良好效果。

⑤配方施肥：木薯施肥时期和施用方法是根据其生长周期、气候特点、土壤肥力、肥料种类和经济因素等条件决定的，原则是施足基肥，合理追肥，N、P、K配合施用。在生产上，

由于木薯生长与土壤和气候相关，特别是在高温多雨，淋溶严重的地方，肥料的一次施用往往难以保证其全生育期的需要。研究表明，底肥每亩施用30kg复合肥，壮苗肥以氮肥为主，亩施尿素8～10kg，硫酸钾6～8kg，于植后30～40d，苗高15～20cm时施用；结薯肥以钾肥为主并适施氮肥，亩施钾肥15～20kg，尿素8kg，于植后60～90d，株高60～90cm时施用，可促进块根形成，保证单株薯数。

⑥水分管理：出苗前，要保持土壤湿润。雨季期，如雨水过多，造成积水的应及时排水防涝。

（3）病虫害综合防治技术：病虫害防治坚持"绿色防控，公共植保"的工作理念，采用农业措施和化学防治等技术控制病虫害，化学防治采取统一组织，统一药剂，统一防治时期的方式进行，根据农药品种、用量，规范化使用药量，减少农药污染，节本增效，事半功倍，有效控制病虫害的大面积发生。主要病虫害防治如下：

①木薯细菌性枯萎病：这是木薯最严重的病害之一，开始时为害完全展开的成熟片，然后由下而上逐渐扩散。为害时，先浸染叶缘或叶尖，

出现水渍状病斑，并迅速扩大，病斑常溢出黄色胶乳，然后叶片萎蔫脱落，严重时嫩梢枯萎，甚至全株死亡。防治措施：a. 实行植物检疫，繁育、栽植无病苗；b. 实行轮作；c. 植株发芽期间若发现病株及时清除；d. 选用耐病品种；e. 加强田间管理；f. 化学防治：采用3%中生菌素（链霉素活性提取物）、12%绿乳铜乳油等于发病时防治。

②褐色角斑病：发病时叶片两边出现不规则的褐斑，病斑边缘界限明显并呈深绿色，严重时叶片变黄，干枯脱落。一般在高温多雨的季节发生，但对产量无很大影响。防治措施：a. 农业措施：选用抗病种子；种植时注意选用健康种茎；适时施肥、除草、消灭荒芜，降低田间湿度，减缓病害发生与流行；b. 化学防治：注意加强田间监控，特别是在病害易发生季节，发现病害后要及时防治；采用50%异菌脲粉剂、25%咪鲜胺乳油和25%丙环唑乳油等进行防治。

③白蚁：白蚁对木薯的为害主要是新植种茎。白蚁取食种茎纤维，严重时仅剩种皮，严重影响出苗率，特别是平放种植的种茎更容易受到为害。白蚁防治主要采用土壤处理法，每亩穴

（沟）施辛硫磷颗粒1.5kg。

技术来源：云南省农业科学院热带亚热带经
济作物研究所

咨询人：刘光华

高产栽培技术集成示范

优良木薯品种华南124

木薯种茎环剥增产栽培技术

技术目标

通过增长木薯种茎长度，并从中间对其养分进行阻断，从而提高植株对土地、光热的有效利用率，使植株能够两头结薯，以提高木薯产量。

技术要点

（1）种茎选取：选择新鲜、粗壮、芽点密集、外皮无破损的木薯中下部茎秆作为种植材料，然后按照45～50cm的规格快刀斩断。

（2）种茎环剥：首先将准备好的木薯种茎从中间位置环割两圈，深度以到木质部为止，间隔0.5～1.0cm，然后再划一刀连接两道环，使之成"工"字状，最后顺着切口剥去外皮。

（3）种植：选择平放的种植方式，按照和墙面垂直的角度用锄头开60cm宽，5cm深的浅沟，然后将木薯种茎放入，覆土，种植株行距为0.8m×1.0m即可。

（4）间苗：木薯出苗后，通常会有多个幼苗长出，这样会造成茎枝徒长、互相荫蔽和消耗养分，故应该在齐苗后，苗高20cm左右的时候进行间苗，每株木薯分别在两端留取强壮苗1～2株，除去过多的幼苗，以保证养分的集中供应。

（5）种植后管理：按照常规种植木薯进行管理即可，注意病虫草害的防控及合理施肥。

采用本栽培方法，可充分利用土地和光热等自然条件，与常规的栽培方法相比，该方法可使木薯植株两头结薯，从而使木薯的结薯个数提高50%以上，单株产量提高25%以上。本方法操作简单，因此对提高木薯单位面积产量，增加农民经济效益及促进木薯产业健康稳定发展具有积极作用。

技术来源：云南省农业科学院热带亚热带经
　　　　　济作物研究所
咨询人：刘光华

环剥尺寸

环剥结薯情况

云南木薯高效栽培技术

技术目标

针对云南木薯生产对优良品种需求大，但优良品种缺乏的实际，从国内外木薯产区引进大量优良品种资源，系统深入开展木薯优良品种评价及筛选，同时进行高效栽培技术研究，筛选出了一批适宜云南木薯产区推广种植的优良品种，并总结形成相应的木薯高效栽培技术。

技术要点

（1）筛选出适宜品种：

①华南205：鲜薯淀粉含量28%～30%，HCN含量7～9mg/100g。广适性强，耐肥、耐瘠、耐旱。为中熟品种。

②华南5号：鲜薯干物质含量37%～42%，淀粉含量28%～32%，HCN含量5～7mg/100g。适应性强，耐旱、耐瘠、耐肥。

③华南8号：鲜薯干物质含量38%～40%，淀粉含量31%～32%，HCN含量5～7mg/100g。抗风能力强，抗旱性较好，耐肥也耐贫瘠土壤。

④桂热4号：薯皮薄，外皮浅黄色，内皮白色，薯肉白色。鲜薯淀粉含量28%。抗旱性较强。

⑤桂热5号：干物质含量35%～40%，鲜薯淀粉含量30.23%，抗旱性强。为中迟熟品种。

⑥桂热911：鲜薯的淀粉含量25.7%，HCN含量6.82mg/100g。适应性强，耐寒、耐肥、耐瘠、耐旱。为迟熟高产品种。

（2）选地：木薯种植地块应选择在开阔、冷空气不易沉积、冷空气难进易出的地块。

（3）整地：整地应根据不同的地形进行，林区山地，垦地时必须注意水土保持，大于15°的山地，开成梯田或等高垦耕种植。

（4）种茎选择：种茎要求新鲜，色泽鲜明，斩断切口见乳汁。

（5）种植方式选择：斜插具有出苗快、出苗率高的特点，能保证全苗，薯块朝一方伸展，有利于机械化起垄、种植、施肥和收获，是比较适合的种植方法。

（6）地膜覆盖栽培：在云南可提早在2月底至3月初种植，具有提高地温、降低土壤水分蒸发，保持土壤水分、保肥、防草害的作用，并有利于木薯生长和块根膨大。

（7）种植密度：直立型、不分枝的桂热4号选择密度0.8m×0.8m，以华南5号为代表的伞状半张开株型品种一年生株行距0.8m×1.0m，两年是1.0m×1.0m。

（8）施肥：壮苗肥以氮肥为主，亩施尿素8～10kg，硫酸钾6～8kg，于植后30～40d，苗高15～20cm时施用；结薯肥以钾肥为主并适施氮肥，亩施钾肥15～20kg，尿素8kg，于植后60～90d，株高60～90cm时施用，可促进块根形成，保证单株薯数。

（9）间套种：木薯间作玉米的经济效益高于木薯间作大豆，不影响木薯产量并能提高经济效益的首选间作模式为木薯+玉米的模式。

技术来源：云南省农业科学院热带亚热带经
　　　　　济作物研究所

咨询人：刘光华

优良品种

木薯间套种技术

优良品种集成应用`

第三章

木薯病虫害防治技术

木薯细菌性萎蔫病防治技术

为害特征

木薯细菌性萎蔫病（*Xanthomonas Campestris PV.manihotis*），也称细菌性枯萎病，是一种世界性病害，广泛分布于亚洲、非洲和拉丁美洲的木薯种植区，是木薯毁灭性的病害之一，可造成的产量损失达12%以上，品质也严重下降，严重时可造成毁种绝收。该病害最早在我国台湾省首次发生流行，目前已经在我国海南、广东、广西、江西等木薯主产区普遍发生。

该病主要为害木薯叶片和茎秆，发病叶片最初呈出现水渍状、暗绿色、角形病斑，随后病斑扩大或汇合。天气干燥时病斑变为褐色角形病斑或块状斑，边缘略呈水渍状。温湿度条件适宜时，叶片病斑大面积迅速扩展成深灰色水渍状块斑，造成叶片腐烂或萎蔫。植株上受害的叶片常提前凋萎、干枯而脱落。嫩枝和嫩茎发病时出现水渍状病斑，病部凹陷并变为褐色，后期呈梭形凹陷或开裂状，上端着生的叶片出现凋萎，形成顶端回枯现象。染病的茎秆和根系的维管束出现干腐、坏死。湿度大时，病斑上易形成浅黄色至黄褐色的菌脓。受害严重时，嫩梢枯萎，大量叶片脱落，甚至整株死亡。

该病病原菌可在土壤、病株残体和带病种茎中存活而顺利越冬，是翌年病害的初侵染来源。病菌在老熟茎秆的韧皮部存活，带病的种茎的调运是病害远距离传播的主要途径。田间主要通过气流、雨水、排灌水、叶片接触及带菌工具等进行近距离蔓延和传播。细菌性萎蔫病在木薯苗期至整个生育期均可发生为害，该病的发生及发病程度与天气条件、木薯品种感病性、生育期等因素密切相关。在海南、广东、广西木薯种植区，该病害通常在5月初至6月中旬开始发病，每年的6—9月为盛发期，此期间如遇连续高温多雨或台风雨天气，容易出现病害流行。此外如种植重病田收获的种茎，病害在苗期也会普遍发生，且多为幼苗整株萎蔫，形成缺苗。另外，品种间的抗病性存在一定的差异；植株的感病程度因品种生育期和发病时间的不同而有所不同。

防治技术

（1）在往新种植区和无病种植区调运木薯种茎（苗）时，严格实行植物检疫管理，避免该病害人为扩散。

（2）繁育和栽植无病种茎（苗）；或者利用甲醛溶液浸泡种茎（0.4%甲醛溶液浸泡种茎1小时），以减少种茎带菌量。

（3）加强田间水肥管理，提高植株的抗病能力；合理调整和改进耕作制度，进行轮作倒茬，适当地与甘蔗、玉米等进行轮作；苗期发现零星病株后及时拔除并进行补种；木薯收获后，清理病株残体或进行焚烧。

（4）根据田间病害监测情况，病害发生后在雨季来临前，及时使用乙蒜素等防控有效药剂，采用人工或无人机进行喷洒防治。

技术来源：中国热带农业科学院环境与植物
保护研究所

咨询人：黄贵修

病害发生后，叶片上最先形成角形、暗绿色的病斑

病斑上出现黄褐色的菌脓

潮湿条件下，病斑迅速扩大并腐烂

叶片上形成大片枯黄色病斑

发病叶片脱落后，
茎秆上形成的病痕

木薯花叶病（类）防治技术

为害特征

木薯花叶病（类）是一种世界性病害，广泛分布于非洲的尼日利亚、肯尼亚、加纳、刚果（金）、乌干达、坦桑尼亚、亚洲的印度、斯里兰卡、阿曼，以及南美洲的巴西等国家，可造成20%以上的产量损失，严重时甚至绝收。尽管相关科技人员和种植户付出大量努力来开展防治工作，但每年该病害仍然造成生产中的严重损失。近年来，该病的发生范围在不断扩大，包括远离非洲大陆的马达加斯加等世界上大多数木薯种植国均有发生。目前，我国尚无该病害的发生报道，但研究表明华南5号、华南8号、华南9号、华南10号、华南101、华南124、华南205、华南6068、华南9号、南植199和桂热911等品种对该病均不具备抗性，该病一旦入侵我国，将迅速蔓延为害。

木薯在整个生育期均可受花叶病（类）侵染，幼龄植株更易受害，典型症状为系统花叶。感病植株首先在叶片上出现褪绿的小斑点，逐渐扩大、汇合并与正常绿色部分形成花叶，受侵染叶片背面有时可见突起。发病叶片普遍变小，黄化并呈斑驳状，叶片中部和基部常收缩成蕨叶状。发病株通常矮化，结薯少而小，严重时薯根甚至不能形成，导致产量降低或绝收。据估算，病害发生后，田间病株平均产量损失约30%～40%。

病害症状严重程度随季节、品种、田间管理不同而异，杂草多的田块病害发生较重。高温条件下，发病株常出现"隐症"现象。田间条件下，植株可被不同株系的花叶病病原复合感染，加重受害情况。病害在田间主要由烟粉虱（Bemisia tabaci）以专化性持久循环型方式传播。病毒主要存在于植株维管束系统内。通过带病种茎的调用，该病可进行长距离传播。

防治技术

采取以检疫为主的综合防治策略。

（1）严禁从发病区（非洲、印度、斯里兰卡等地区和国家）引进感病的活体植株及携带病毒的烟粉虱，避免将病害引入我国。

（2）引进抗病或耐病木薯品种，例如TME3、Nase14等，选育并加强抗病新品种的推广和应用。开展田间监控，发现病株后及时清除。加强田间管理，消除荒芜，合理施用水肥，提高木薯植株对病害的抵抗能力。木薯收获后注意进行田间清理。必要时喷洒几丁聚糖、乙酸铜和宁南霉素等病毒防治药物以减缓病情。

（3）加强对传毒烟粉虱的控制。成虫对黄色敏感，具有强烈的趋黄光习性，可用黄色的粘虫板进行诱杀。虫害零星发生时，喷洒20％扑虱灵可湿性粉剂、25％灭螨猛乳油、2.5％天王星乳油等药剂，隔10d左右施用1次，连续防治2～3次。

技术来源：中国热带农业科学院环境与植物
　　　　　保护研究所

咨询人：黄贵修

褪绿斑与正常绿色部分形成花叶　　病叶中部和基部收缩，成蕨叶状

种植带病种茎，病害在苗期即可
发生

杂草多的木薯田，植株严重受害

病株结薯变少，薯
根变小甚至不结薯

花叶病流行的木薯田

朱砂叶螨发生与防治

朱砂叶螨 *Tetranychus cinnabarinus*（Boisduval）属真螨目 Acariformes 叶螨科 Tetranychidae 叶螨属 *Tetranychus*，是目前国内木薯上发生最广泛、最严重的一种害螨。

识别特征

成螨：雌螨体长0.48mm，包括喙0.55mm，体宽0.33mm。椭圆形，锈红色或深红色，肤纹突三角形至半圆形。雄螨体长（包括喙）0.36mm，宽0.2mm，虫体两侧各有1条长形深色斑块，有时分隔成前后各两块。足4对，无爪，足及体前具长毛，体背毛排成4列。

卵：圆球形，直径0.13mm，光滑，无色透明。

幼螨：足3对，近圆形，透明，取食后体色变暗绿。

若螨：足4对，后期体色变红，体色出现明显块状色斑。

分布

为世界性害螨，木薯产区均有分布。

为害特点

以成、若螨群聚于寄主叶背吸取汁液，初期叶面上呈褪绿的小点，后变灰白色，发生严重时，全叶枯黄似火烧状，造成早期落叶和植株早衰，植株生长势衰弱，降低产量。

发生规律

发生一代9~15d，在海南、广西、广东湛江有2个发生高峰期（4—6月和9—10月），但在湖南、江西、福建、云南和广西桂林仅有1个发生高峰期（7—9月），田间28~33℃高温干旱条件下易暴发成灾，33℃以上高温下发生较轻。

传播途径

随风进行短距离扩散，随木薯种植材料如插条等进行远距离传播。

防治方法

（1）农业防治：

①选用SC5、SC8、SC9、SC10等抗或中抗螨性品种。

②中耕除草、清除有螨植株及中心株，消除害螨的隐蔽场所和螨源。

③合理深耕和肥水管理，增强作物的生长

势，提高作物自身的抗螨能力。

④与玉米、辣椒、西瓜等合理间作与轮作，可有效减轻为害。

（2）生物防治：

①已发现包括拟小食螨瓢虫、草蛉、蜘蛛、蓟马等在内的天敌10多种，但尚未商品化利用。

②在种植时采用阿维菌素生物药肥一体化微生态调控可有效防治朱砂叶螨的发生与为害。

③在种植后4个月，根据害螨发生情况及时合理使用1.8%阿维菌素乳油3 000倍液，或240g/L螺螨酯悬浮剂5 000倍液，或5.7%甲氨基阿维菌素苯甲酸盐水分散粒剂4 000倍液，或20%三唑锡悬浮剂5 000倍液，或50%丁醚脲悬浮剂2 500倍液，或5%唑螨酯悬浮剂2 500倍液等高效、低度、低残留或无残留生物农药防治。

（3）转基因抗螨品种培育：保护酶基因、毒蛋白基因、蛋白酶基因、淀粉酶抑制基因以及植物外源凝集素类基因的表达产物均具有杀虫杀螨性，但截至目前，尚未见转基因品系释放应用相关报道。

（4）化学防治：当朱砂叶螨突然暴发成灾时，及时合理使用3.2%高氯·甲维盐微乳剂4 000

倍液，或15%哒螨灵乳油1 500倍液，或20%哒螨酮可湿性粉剂1 500倍液，或73%克螨特乳油1 000倍液，或20%螨克乳油2 000倍液等，7～10d1次，连续两次。

　　技术来源：中国热带农业科学院环境与植物
　　　　　　　保护研究所
　　咨询人：陈　青

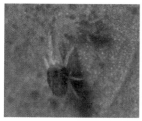

朱砂叶螨成螨

朱砂叶螨卵

朱砂叶螨为害中期症状

朱砂叶螨为害后期症状

木薯单爪螨发生与防治

木薯单爪螨 *Mononychellus tanajioa* & *Mononychellus mcgregori*，又名木薯绿螨（Green mite），属真螨目 Acariformes 叶螨科 Tetranychidae 单爪螨属 *Mononychellus*，是木薯重要害螨之一。1971年在非洲乌干达首次发生与为害，曾导致非洲木薯绝收。在我国，木薯单爪螨是重要检疫性害螨，2008年首次在海南儋州发现，目前已在海南、云南保山及广东湛江等地大量发生为害。

识别特征

成螨：体绿色，雌螨体长350μm左右，雄螨体长230μm，包括颚体长281μm。须肢端感器粗短，长度不到宽度的1.5倍；口针鞘前端钝圆；气门沟末端球形；表皮纹突明显，前足体后端表皮纹轻微网状。前足体背毛、后半体背侧毛和肩毛的长度与它们基部间距相当；后半体背中毛长度约为它们基部间距的1/2；足Ⅰ胫节有9根触毛和1根纤细感毛，跗节有5根触毛和1根纤细感毛；足Ⅱ跗节有3根触毛和1根纤细感毛，胫节有7根触毛。

卵：圆球形，产于木薯插条的叶片、叶柄或枝干上。

幼螨：幼螨白色，具足3对。

若螨：绿色，具4对足，无生殖孔，第1和第2若螨的体型大小、腹面毛数、生殖孔等可与成螨区别。

分布

世界危险性害螨，目前主要分布在海南、云南、广东、广西、江西等地。

为害特点

以口针刺吸植株冠部的芽、新叶和幼茎汁液。主要为害木薯顶芽、嫩叶和茎的绿色部分，受害叶片主要呈黄白色斑点、褪绿，畸形，发育受阻，斑驳状，变形，变黑，枝条干枯，严重时整株死亡。其可随木薯种苗调运及随风等进行远距离传播扩散，严重为害时可使木薯减产40%～60%，新叶比成熟叶更易受害。

发生规律

木薯单爪螨发生一代9～15d，在不同年份不同地域差异较大，目前在云南和海南呈现1个发生高峰（10—11月），田间28～30℃高温干旱条件下易暴发成灾，30℃以上高温下发生较轻。

传播途径

随风进行短距离扩散，随木薯种植材料如插条等进行远距离传播。

防治方法

（1）检疫防治：严格检疫防除单爪螨随种茎种苗交流传播为害。

（2）农业防治：

①选用SC5、SC8、SC9、SC10等抗或中抗螨性品种。

②中耕除草、清除有螨植株及中心株，消除害螨的隐蔽场所和螨源。

③合理深耕和肥水管理，增强作物的生长势，提高作物自身的抗螨能力。

④与玉米、辣椒、西瓜等合理间作与轮作，可有效减轻为害。

（3）生物防治：目前尚未发现有效天敌种类，一般在种植后4个月，根据害螨发生情况及时合理使用1.8%阿维菌素乳油3 000倍液、240g/L螺螨酯悬浮剂5 000倍液、5.7%甲氨基阿维菌素苯甲酸盐水分散粒剂4 000倍液、20%三唑锡悬浮剂

5 000倍液、50%丁醚脲悬浮剂2 500倍液和5%唑螨酯悬浮剂2 500倍液等高效、低度、残留或无残留生物农药防治。

（4）转基因抗螨品种培育：保护酶基因、毒蛋白基因、蛋白酶基因、淀粉酶抑制基因以及植物外源凝集素类基因的表达产物均具有杀虫杀螨性，但截至目前，尚未见转基因品系释放应用相关报道。

（5）化学防治：当木薯单爪螨突然暴发成灾时，及时合理使用3.2%高氯•甲维盐微乳剂4 000倍液，或15%哒螨灵乳油1 500倍液，或20%哒螨酮可湿性粉剂1 500倍液，或73%克螨特乳油1 000倍液，或20%螨克乳油2 000倍液等，7~10 d一次，连续两次。

技术来源：中国热带农业科学院环境与植物
　　　　　保护研究所
咨询人：陈　青

木薯单爪螨雌螨　　　　　　木薯单爪螨为害状

蔗根锯天牛发生与防治

蔗根锯天牛*Dorysthenes granulosus*（Thomson），又名蔗根土天牛、蔗根天牛属鞘翅目 Coleoptera 天牛科Cerambycidae锯天牛亚科Prioninae土天牛属*Dorysthenes*，是近年来为害木薯的重要地下害虫。

识别特征

成虫：体长15～63mm，体宽8～25mm，个体大小差异较大。体棕红色，前胸背板色泽较深，头部及触角基部3节棕黑色。头部前额中央凹陷，上颚发达，向内弯勾。复眼很大，黑色，几乎占头部的一半。下颚须末节最长，端部宽。触角基瘤宽阔，彼此接近。雄虫触角粗大，扁宽，长达鞘翅末端，雌虫触角细小，长达翅鞘中部。前胸背板宽阔，两侧缘各有3个锯齿，鞘翅宽于前胸，每翅有2～3条纵脊线，靠中缝2条近端处相接。

卵：长椭圆形，一头较尖，乳白至淡黄色。

幼虫：体长57～90mm，圆筒形，前端扁平，后端稍窄。乳白色，老熟幼虫乳黄色。上颚、头和前胸背板黑褐或黄褐色，体表光亮，有少数细毛。头近方形，头盖中缝闭合，两侧叶后方突出，触角黑褐色，2节。上颚粗壮，三角形。前胸背板宽阔，近前缘有一黄褐色几丁质化的波状横纹。前缘及两侧有长短不同的细毛，两侧近后端各有1条纵凹线。胸足较小，3对。腹部第1～7节有步泡突，每一步泡突有2横沟纹，步泡突隆起面光滑。

蛹：裸蛹，初时体淡黄色，复眼紫红色。翅芽长到第4腹节，后足长到第6腹节末端。

分布

广泛分布于广西、广东、海南及云南等省区，在广西木薯产区为害较重。

为害特点

主要以幼虫取食种茎和鲜薯，可将鲜薯取食至仅剩皮层，地下部分食空后可沿茎基部向上咬食，造成缺株或死苗。

发生规律

发生一代2～3年，世代重叠，成虫在海南和广西4—6月雨后羽化出土，趋光性强；在海南、广西、广东湛江等生产区的发生高峰期为4—8

月，田间28~33℃高温潮湿条件下易暴发成灾，33℃以上高温下发生较轻。

传播途径

主要以成虫飞行传播，传播能力较强。

防治方法

（1）农业防治：

①提倡机耕全垦、多犁多耙，尽量杀死土中的幼虫和蛹。

②合理施用各种肥料，增强作物的生长势，提高作物自身的抗虫能力。

③与玉米、辣椒、西瓜等合理间作与轮作，可有效减轻为害。

（2）物理防治：成虫羽化期间，在行间空地按照"Z"挖掘30cm×30cm×40cm的土坑诱杀成虫；利用成虫的趋光性，灯光诱杀成虫，晚上7—8时开灯较好。

（3）生物防治：

①绿僵菌（*Metarrhizium aniso-pliae*（Metsch）Sorokia）对天牛幼虫的感染力较强，可大面积推广应用。

②定植前用5.7%甲氨基苯甲酸盐颗粒剂与基

肥混合施用于种植穴或种植沟中，可有效预防蔗根锯天牛的发生与为害。

（4）化学防治：

①每亩用20%阿维•杀虫单微乳剂180g/hm²，或40%丙溴磷乳油550g/hm²，或40%啶虫脒可溶粉剂25g/hm²与基肥混合后施于种植穴或种植沟中，可有效预防蔗根锯天牛发生与为害。

②当蔗根锯天牛突然暴发成灾时，及时使用20%阿维•杀虫单微乳剂180g/hm²于根区施药，安全间隔期至少28d。

技术来源：中国热带农业科学院环境与植物
　　　　　保护研究所

咨询人：陈　青

蔗根锯天牛成虫

蔗根锯天牛幼虫

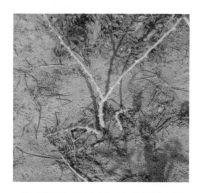

蔗根锯天牛为害后地上部分长势衰弱

蔗根锯天牛幼虫为害鲜薯及茎

蛴螬发生与防治

蛴螬是鞘翅目Coleoptera金龟总科 Scarabaeoidea 幼虫的通称，是地下害虫种类最多、分布最广、为害最严重的一个类群，近年发现严重为害木薯。

识别特征

体肥大，体型弯曲呈C形，多为白色，少数为黄白色。头部褐色，腹部肿胀。体壁柔软多皱，具胸足3对。

分布

世界性分布。

为害特点

主要以幼虫为害木薯鲜薯和茎。

发生规律

铜绿丽金龟为蛴螬的成虫优势种，发生一代至少1年，世代重叠，成虫在海南和广西6—8月雨后羽化出土，日夜活动型，具有趋光性、趋腐性；在海南、广西、广东湛江等生产区的发生高峰期为4—8月，田间28～33℃高温潮湿条件下易暴发成灾，33℃以上高温下发生较轻。

传播途径

主要以成虫飞行传播，传播能力较强。

防治方法

（1）农业防治：

①提倡机耕全垦、多犁多耙，尽量杀死土中的幼虫和蛹。

②合理施用各种肥料，增强作物的生长势，提高作物自身的抗虫能力。

③与玉米、辣椒、西瓜等合理间作与轮作，可有效减轻为害。

（2）物理防治：成虫羽化期间，在行间空地按照"Z"挖掘30cm×30cm×40cm的土坑诱杀成虫；利用成虫的趋光性，灯光诱杀成虫，晚上7—8时开灯较好。

（3）生物防治：

①白僵菌对蛴螬寄生性较强，在蛴螬卵期或幼虫期施药，以活菌体施入土壤，效果可延续到下一年，在根部土表开沟施药并盖土。或者顺垄条施，施药后随即浅锄，能浇水更好。

②定植前用5.7%甲氨基苯甲酸盐颗粒剂与基

肥混合施用于种植穴或种植沟中，可有效预防蛴螬的发生与为害。

（4）化学防治：

①诱饵防治：将药剂（敌百虫及菊酯类等药剂）与香料拌匀后撒于土表，可有效预防蛴螬发生与为害。

②每亩用20%阿维·杀虫单微乳剂180g/hm²，或40%丙溴磷乳油550g/hm²，或40%啶虫脒可溶粉剂25g/hm²与基肥混合后施于种植穴或种植沟中，可有效预防蛴螬发生与为害。

③当蔗蛴螬突然暴发成灾时，及时使用20%阿维·杀虫单微乳剂180g/hm²于根区施药，安全间隔期至少28d。

技术来源：中国热带农业科学院环境与植物
　　　　　　保护研究所

咨询人：陈　青

铜绿丽金龟成虫　铜绿丽金龟幼虫蛴螬　　　蛴螬为害状

棉铃虫发生与防治

棉铃虫Heliothis armigera（Hfibner），又名玉蜀黍果穗夜蛾、棉铃实夜蛾、番茄蜾，属鳞翅目 Lepidoptera夜蛾科Noctuidae棉铃虫属Helicoverpa。

识别特征

成虫：体长14～20mm，翅展36～40mm。雌蛾黄褐色，前翅赤褐色。雄蛾灰褐色，触角丝状、黄褐色。中横线由肾状纹下斜伸至翅后缘，末端达环状纹的正下方。外横线斜向后伸达肾状纹正下方。

卵：约0.5mm，半球形，乳白色，卵壳上有纵横网格。

老熟幼虫：体长30～42mm，体色变化大，有淡绿色、绿色、淡红色、黑紫色等，两根前胸侧毛连线与前胸气门下端相切，甚至通过前胸气门，体表布满褐色和灰色小刺，小刺长而尖，底座较大。体壁显得较粗厚。

蛹：体长17～21mm，纺锤形，黄褐色。腹部

第5～7节的背面和腹面密布半圆形刻点，腹末端有臀刺两根。

分布

广泛分布在中国及世界各地，中国棉区和蔬菜种植区均有发生。

为害特点

以幼虫取食木薯嫩叶，取食呈缺刻状或食光全叶。

生活习性

成虫白天隐藏在叶背等处，黄昏开始活动，取食花蜜，有趋光性；老熟幼虫吐丝下垂，多数入土作土室化蛹；卵散产于植株上部新抽叶片，孵化后即可取食嫩叶；幼虫有转株为害的习性，转移时间多在夜间和清晨，这时施药易接触到虫体，防治效果最好。

传播途径

主要以成虫迁飞传播，传播能力强。

防治方法

（1）农业防治：

①提倡机耕全垦、多犁多耙，尽量杀死土中

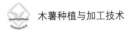
的蛹。

②合理施用各种肥料，增强作物的生长势，提高作物自身的抗虫能力。

③与玉米、辣椒、西瓜等合理间作与轮作，可有效减轻为害。

（2）物理防治：频振式杀虫灯对棉铃虫具有良好的诱杀效果，且对天敌杀伤小的特点。

（3）生物防治：已知有赤眼蜂、姬蜂、寄蝇等寄生性天敌和草蛉、黄蜂、猎蝽等捕食性天敌，但尚未在木薯上使用。

（4）化学防治：当棉铃虫突然暴发成灾时，及时合理使用45%丙溴磷1 000倍液或20%氰戊菊酯1 500倍液等喷杀幼虫，间隔7～10d，连续2次。

技术来源：中国热带农业科学院环境与植物
　　　　　保护研究所

咨询人：陈　青

棉铃虫幼虫及为害

棉铃虫成虫

棉铃虫卵

棉铃虫蛹

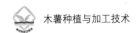

烟粉虱发生与防治

烟粉虱*Bemisia tabaaei*（Gennadius）属同翅目Homoptera粉虱科Aleyrodidae，是一种重要的外来入侵害虫，可传播非洲木薯花叶病毒。

识别特征

成虫体长1mm，白色，翅透明具白色细小粉状物。蛹长0.55～0.77mm，宽0.36～0.53mm。背刚毛较少，4对，背蜡孔少。头部边缘圆形，且较深弯。胸部气门褶不明显，背中央具疣突2～5个。侧背腹部具乳头状凸起8个。侧背区微皱不宽，尾脊变化明显，瓶形孔大小（0.05～0.09）cm×（0.03～0.04）cm，唇舌末端大小（0.02～0.05）mm×（0.02～0.03）mm。盖瓣近圆形。尾沟0.03～0.06mm。

分布

中国、日本、马来西亚等国及印度、非洲、北美等地区。

为害特点

以成、若虫刺吸植物汁液，受害叶褪绿萎蔫

或枯死。

生活习性

亚热带地区年生10～12个重叠世代，几乎月月出现一次种群高峰，每代15～40d，夏季卵期3d，冬季33d。若虫3龄，9～84d，伪蛹2～8d。成虫产卵期2～18d。每雌产卵120粒左右。卵多产在植株中部嫩叶上。成虫喜欢无风温暖天气，有趋黄性，气温低于12℃停止发育，14.5℃开始产卵，气温21～33℃，随气温升高，产卵量增加，高于40℃成虫死亡。相对湿度低于60%成虫停止产卵或死去。暴风雨能抑制其大发生。

传播途径

主要以若虫、卵的形式随风传播和自身传播，传播能力较强。

防治方法

（1）农业防治：木薯插条进行灭虫处理，以防该虫传播蔓延。

（2）物理防治：利用成虫对黄色敏感，具有强烈的趋黄光习性，用黄色黏虫板进行诱杀。

（3）生物防治：天敌丽蚜小蜂对烟粉虱具有良好的防治效果。

（4）化学防治：当烟粉虱突然暴发成灾时，及时合理使用45%丙溴磷1 000倍液，或20%氰戊菊酯1 500倍液，或10%吡虫啉可湿性粉剂1 500倍液等喷杀，间隔7～10d，连续2次。

技术来源：中国热带农业科学院环境与植物
　　　　　保护研究所
咨询人：陈　青

烟粉虱及其为害状

烟粉虱成虫

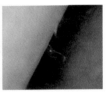

烟粉虱卵

烟粉虱若虫

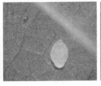

烟粉虱蛹

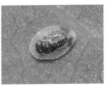

烟粉虱蛹被寄生

第四章
木薯生产加工技术

食用木薯全粉节能低耗清洁生产技术

技术目标

以优质食用木薯品种为原料，采用低温热泵干燥、超微粉碎等技术，研发薯类全粉节能低耗清洁生产技术。该技术最大限度保留木薯中的营养和保健成分，满足消费人群常年食用需求。食用木薯全粉富含膳食纤维和钙、铁、锌等矿物质元素，全粉可作为食品配料，广泛应用于食品工业，加工利用途径广。食用木薯全粉应用于大宗传统食品中，提升粮食加工品的附加值，开发新型营养健康主食产品，解决传统主食产品的同质化问题。该技术和装备也可针对不同薯类干燥特性进行优化，适用范围广。

设备与原料

设备：去皮机、切片机、太阳能 - 热泵干燥设备、超微粉碎机、振荡筛。

原料：新鲜食用木薯块根。

操作要点

工艺流程：新鲜食用木薯块根→去皮、冲洗→切片→沥水→烘干→粉碎→检验→包装。

（1）原料选择：选用达到收获成熟期的新鲜食用木薯块根，无病虫害、无腐烂、变质。

（2）去皮、冲洗：用专用刀具除去木薯表皮和内皮，去皮后迅速用流动水冲洗，去除残留的表面泥沙等污物。

（3）切片：将去皮后的木薯切成厚度2～3mm大小的片状，将切片后的木薯立即投入水中浸泡，防止因长时间暴露在空气中而变色。

（4）沥水：将浸泡后的食用木薯捞起，放置于镂空的盘中，沥干水分。

（5）烘干：将沥干水分后的木薯置于50～65℃烘干设备中干燥10～12h，至含水量为13.0%以下。

（6）粉碎：将烘干后的木薯干置于超微粉碎机中粉碎，过100目筛。

（7）包装：将检验合格的食用木薯全粉进行包装，采用牢固封口袋封口严密包装。

自主研究的太阳能-热泵干燥设备

太阳能热泵干燥的木薯片

食用木薯全粉

技术来源：广西农业科学院农产品加工研究所

咨询人：张雅媛　严华兵

小型化高品质木薯全粉加工工艺及集成装备技术

技术目标

在木薯主产区，以鲜木薯为原料，建立日产1~8t/d（根据需要可调）木薯全粉（即食和非即食）生产线，所生产木薯全粉的产品指标达到相关食品安全要求。该技术利用木薯的全营养价值，开发一种天然、安全、营养全面的优质粮食原料；"引领"国内木薯加工行业原料最大利用化、节能、减排、降耗、废物最小化，达到工艺和设备最优化、废物处理最易化和效益最大化的木薯加工清洁生产，加快木薯加工业布局和产品结构调整，开拓新的加工和食品应用领域，丰富和升级人们粮食与膳食结构，为"一带一路"国家木薯主产区推动木薯食用化、标准化生产与应用，代替进口小麦，丰富人民餐桌提供技术支撑。

设备与原料

（1）设备：

①根据用户需要，可建设日产1～8t/d木薯全粉（即食和非即食）生产线；设备制造国产化、标准化、模块化、方便安装、运行安全稳定。

②生产控制过程满足现代"小型化、智能化、高效蓄热节能（比同类装备节能50%以上）、高品质产品、操作简便"等生产工艺要求。

③产品形式可为片状、条状、块状、丁状、丝状、颗粒状、粉状等形式，多方位满足食品、饲料及其他工业的多样化产品市场需求；产品方便储存和运输、货架期长。

（2）原料：

①新鲜的苦木薯或甜木薯块根配备相应的生产工艺技术，专利有：一种食用木薯粉的生产方法ZL 2012 1 0323113.6；一种食用木薯粉快速脱毒的方法ZL 2013 1 0304627.1等。

②主要消耗能源为木薯收获后废弃的木薯头（槽块根与木薯杆连接部）及木薯杆、废木料、菌棒、农作物秸、木炭等生物燃料。

操作要点

生产技术易学易懂、操作方便简单、符合薯

农习惯，可现场培训。

技术来源：广西大学淀粉化工研究所
咨询人：古　碧

生产车间

木薯块根食用产品

薯类淀粉清洁生产工艺

技术目标

（1）回收木薯淀粉加工过程排放废水中80%以上的蛋白及纤维等，降低废水COD值，符合污水排放标准，减轻对环境的污染。

（2）大幅度减少木薯淀粉加工过程的水耗，缓解行业高水耗与百姓用水紧张的矛盾，减少企业部分生产成本，促进行业快速发展。

（3）有效提高木薯淀粉加工企业的生产能力，将粗放式生产经营转变为高效率、低能耗、轻污染的先进生产经营模式，合理解决木薯淀粉加工中存在的产品收率低、产品链单一等诸多问题，将淀粉收率由80%左右提高到93%以上，同时增加对蛋白、纤维素的回收，回收率分别达到85%和80%。

（4）促使木薯淀粉行业摆脱目前的困境，继续蓬勃发展，从而使得我国的木薯淀粉加工行业成为具有国际竞争力的行业。

（5）锉磨后浆料的固含量为10wt%～20wt%。

（6）所述旋流浓缩的分离比为5∶1。

（7）所述九级逆流旋流的浓缩倍数为4。

木薯淀粉加工厂实例

木薯淀粉加工厂关键设备-多级旋流站

设备与原料

（1）设备：振动筛、滚筒清洗机、浆式清洗机、锤式碎解机、锉磨机、螺杆泵、除砂旋流器、多级离心筛、离心泵、带式压滤机、卧螺离心机、多级旋流站、刮刀离心机、碟片离心机、气流烘干系统、自动包装机。

（2）原料：鲜木薯、木薯淀粉、粗蛋白。

操作要点

（1）清洗单元：本项目充分结合木薯外形特征和含泥沙特性，优化洗涤布置结构，首先严格控制木薯进厂的泥沙量，然后通过强力分筛设备进行干法除杂和去皮，将细小颗粒的泥沙全部去除，再经强力预清洗将表皮未脱落的泥沙清洗去除，再利用沉降式清洗设备，将木薯和大颗粒杂质完全分离，最后进行一次清水清洗，防止污水带入后续工段，减轻淀粉精制环节的压力。

①将原料进行干式除杂。

②将干式除杂后的原料送入三级桨式清洗机进行清洗，清洗过程中，保持第一级桨式清洗机的工作水位不低于0.5m，三级桨式清洗机的工作水位依次递增10cm。

（2）破碎单元：从工艺角度分析，淀粉解离效果是否充分，直接决定了淀粉的最大回收率。首先进行破碎和预解离，然后进行彻底的解离，使包裹在纤维和其他物质上的淀粉完全解离，提高解离度，降低木薯渣中淀粉含量。

①将清洗后的原料破碎、锉磨成固体粒径低于1.5mm的浆料。

②将所述浆料除砂，除砂的喂入压力不低于0.15MPa，之后依次进行离心分离和二级逆流离心洗涤，得到预处理浆料；离心分离中浆料与纤维的体积分离比4∶1，每一级逆流离心洗涤中浆料与纤维的体积分离比为（3~4）∶1。

（3）预浓缩单元：现有的淀粉加工工艺一般在破碎完渣浆分离后直接进旋流站进行预浓缩

精制，但是大量的浆料进入多级浓缩单元造成效率偏低，同时浓缩比较低，淀粉浆料浓度不高，携带大量的杂质，增加多级旋流器的负荷和洗涤水用量，因此渣浆分离后浆料先进行高效分离，尽可能地降低淀粉浆料的含水量，减少携带杂质量，从而减少在精制过程中的清洗水量和提高旋流器的效率。

将预处理浆料旋流浓缩，顶流物送入一级旋流回收，所述旋流浓缩的浓缩倍数为4；将所述一级旋流回收的顶流物送入二级旋流回收，所述二级旋流回收的顶流物排出系统，所述一级旋流回收和二级旋流回收的分离比相比旋流浓缩依次递增5%；将旋流浓缩、一级旋流回收和二级旋流回收的底流物送入九级逆流旋流进行洗涤；所述九级逆流旋流中，除第一级外，后一级逆流旋流的顶流物流向前一级逆流旋流继续进行处理。

技术来源：湖北山洪食品机械有限公司

咨询人：刘山红

基于聚合物技术的淀粉加工废弃物的回收利用技术

技术目标

　　针对液体中固形物的理化特性，采用聚合物使农产品加工过程中形成不稳定的胶体微粒并聚合成团，使有机质（糖类、蛋白类、淀粉、纤维等）从水介质中分离出来，聚合物通过将悬浮固状颗粒聚集在一起使水更加纯净，而这些固状颗粒又很容易就从水中迅速分离出来，从而使淀粉加工废弃物中大量蛋白、淀粉、纤维等有机固形物经脱水干燥后成为优质的饲料原料，分离后的水可以在淀粉加工工艺中回收利用。应用聚合物后可有效增加脱水量，大大降低干燥能源消耗，同时增加对有机质的回收，达到节能降耗，保护环境的作用。

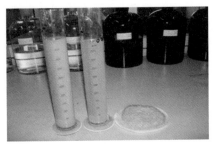

从农产品加工排出的废液中回收利用固形物，
有效减少污水处理难度

采用聚合物技术将回收的废弃物制作成动物饲料，
有效利用绿色资源

设备与原料

美国SOIL NET聚合物技术中心与珠海华成生物科技有限公司合作开发玉米、木薯、马铃薯淀粉厂固液分离专用生物聚合物S-200AL、

S-300VAL、S-400VAL、S-500VAL等系列产品及配套的辅助产品。

操作要点

（1）技术创新：

①部分木薯淀粉厂需要制酸，因此在淀粉加工过程中产生大量的高浓度酸性有机废水，其中含有大量可溶性的和一部分不溶的淀粉及蛋白质，一般没有毒性，废水COD很高，通常为10 000～30 000mg/L，SS一般大于1 500mg/L。该技术的固液分离过程是在不改变pH值的环境中完成的，从而有效解决水回用问题。

②因SOIL NET生物聚合物无毒无味，添加量很小，对所回收的产品安全性及营养品质没有任何影响，传统的絮凝技术回收的固形物因化学残留量高而无法推广应用，而通过SOIL NET生物聚合物回收的蛋白粉及木薯渣经过巴西农业大学及哥伦比亚国际热带研究院严格检验后制作成饲料能量块，并在动物养殖基地进行了7年的喂养试验，结果非常理想。

（2）应用创新：本技术应用的亮点是利用单一的聚合物技术，综合解决淀粉生产中的废弃物处理问题，既节能降耗、保护环境，同时也使有限的资源得以充分利用。具体包括：一是在蛋白回收环节，不仅仅回收利用蛋白，还可节约60%工艺水，减少污水排放，同时还可减少制硫工段的消耗。二是在薯渣脱水工段，因脱水量增加10%而减少30%以上的烘干薯渣所需能量。同时可以多回收渣中所含的淀粉0.3%以上。

（3）工艺创新：

①黄浆水提取蛋白分离工艺。采用SOIL NET聚合物较好解决了回用分离水及蛋白成分。

下面是新工艺与传统工艺的比较：

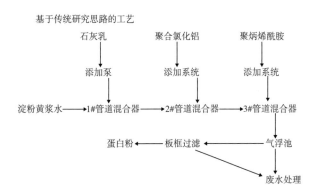

基于传统研究思路的工艺

采用SOIL NET 聚合物开发的新工艺

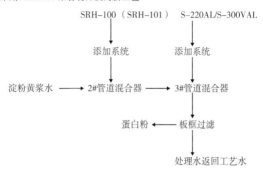

②基于聚合物技术的渣脱水工艺。

到目前为止未见国内淀粉厂采用此类技术

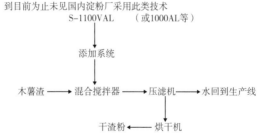

技术来源：珠海华成生物科技有限公司

咨询人：梁国涛

年产20万t木薯燃料乙醇加工工艺及集成装备

技术目标

本项目主要是为了解决非粮木薯转化乙醇的低成本规模化制备瓶颈问题，在现有20万吨级木薯燃料乙醇示范生产装置的基础上，进一步开发木薯燃料乙醇低能耗生产技术，显著降低生产能耗，提高经济效益，建成一套高效、低能耗、低成本和拥有自主知识产权的木薯燃料乙醇生产示范装置。

设备与原料

（1）设备：年产20万t木薯燃料乙醇全套生产装置（包括预处理单元、液化单元、同步糖化发酵单元、精馏脱水单元、分离单元、污水及沼气处理单元、热电站及其他公用工程配套装置）。

（2）原料：鲜木薯、木薯干片。

操作要点

（1）将当代化学工程领域的先进技术、方法及装备引入传统生物乙醇行业，开发出木薯燃料乙醇成套生产技术。

（2）发明并应用了高温喷射与低能阶换热集成工艺，实现低温完全液化工艺；发明并应用了三效热耦合精馏技术及与精馏过程耦合的分子筛变压吸附脱水工艺，实现系统能量综合利用，有效降低了能耗。

（3）首次将高效复合塔内件、高湿润性填料及抗堵型塔板应用于燃料乙醇热耦合精馏过程，成功解决了通用型填料水醇体系湿润性能差、板式塔压降高和塔盘堵塞问题。

（4）发明并应用木薯浓醪除杂、淀粉液化回收等技术，粉浆除砂率≥90%；开发了木薯液化醪还原糖程序控制及复合酵母技术，并应用同步糖化技术实现了木薯浓醪发酵工业应用，淀粉利用率大于91%，发酵醪酒度≥14%，最高可达到16%。

（5）开发全糟厌氧与清液高效IC协同厌氧、高浓度废醪固液分离、好氧污泥高温厌氧减量、二沉池出水回用、循环流化床锅炉多燃料混烧等废醪资源化处理关键技术。

技术来源：广西中粮生物质能源有限公司
咨询人：李永恒

广西中粮生物质能源有限公司全景

年产20万t木薯燃料乙醇示范工程精馏车间

年产20万t木薯燃料乙醇示范工程发酵车间

三塔六段差压蒸馏节能系统

技术目标

以木薯、玉米等淀粉质作物为原料，在采用生物发酵法生产燃料乙醇过程中，需要消耗大量的蒸汽，其中蒸馏脱水单元的能量消耗约占总能耗的60%～80%，因此，提高蒸馏工艺的技术水平，降低蒸馏过程能量消耗对于降低燃料乙醇生产成本具有重要意义。本技术针对目前酒精蒸馏、精馏能耗高，潜热回收率低等问题，合理并充分利用酒气、废液的余热来进行热量循环利用，实现蒸馏过程中热能的多效热耦合，提高蒸馏过程中的潜热回收率及蒸馏效果，从根本上解决生产节能的问题，促进中国燃料乙醇产业的发展，提高国际竞争力。

酒精差压蒸馏系统实例1

酒精差压蒸馏实例2

设备与原料

粗塔蒸馏段、粗塔抽料段、粗塔排醛段、二

精塔粗馏段、二精塔精馏排醛段、一精塔、再沸器、换热器、离心泵。

操作要点

三塔六段差压蒸馏节能系统配置粗塔、一精塔及二精塔，是基于一精塔一塔供汽，一精塔由饱和蒸汽通过再沸器间接加热，一精塔塔顶酒气供热二精塔，二精塔塔顶酒气供热粗塔，其他热源为醪液多梯次余热，提高了蒸汽热能重复利用效率，从而减少蒸汽用量，达到节能的目的，技术要点如下。

（1）醪液及粗酒精采用系统内部热源多梯次预热后泡点进料，既回收了余热，又提高了蒸馏塔板运行效率。

（2）二精塔一塔2段，下段为粗馏段，上段为精馏段，粗馏段不设置冷凝系统，而以形式直接进入精馏段，即塔内"汽相过塔"，相比间接以液相进塔流程具有明显节能优势。

（3）二精塔与粗塔热耦合，二精塔塔顶的酒汽一部分进入到后续分子筛脱水，另一部分被粗塔再沸器冷凝，为粗塔提供足够热源，冷凝后的液相回流至二精塔。这种流程可同时节省含水乙醇"先冷凝、再蒸发"所需的冷、热能耗，降低了二精塔的冷凝负荷。

技术来源：珠海华成生物科技有限公司
咨询人：梁国涛